KLEINE TEXTE FÜR VORLESUNGEN UND ÜBUNGEN
HERAUSGEGEBEN VON HANS LIETZMANN

3

APOCRYPHA

I

RESTE DES PETRUSEVANGELIUMS, DER PETRUS-APOKALYPSE UND DES KERYGMA PETRI

HERAUSGEGEBEN

VON

ERICH KLOSTERMANN

UNVERÄNDERTER NEUDRUCK

BERLIN
VERLAG VON WALTER DE GRUYTER & CO.
1933

Die beiden grossen bruchstücke aus dem evangelium und der apokalypse des Petrus sind zusammen mit 2 fragmenten des Henochbuchs erhalten in der pergamenthandschrift C saec. VIII (?), gefunden 1886/87 in einem grabe zu Akhmîm, jetzt im museum zu Gizeh. Für die herstellung des textes kommt als grundlage allein in betracht das facsimile bei vGEBHARDT das Evangelium und die Apokalypse des Petrus 1893. Auch DIETERICHs Nekyia 1893 und PREUSCHENs Antilegomena² 1905 führen nicht nennenswert weiter, während PICCOLOMINIs verbesserungen (rendiconti d. r. acad. d. lincei 1899) nur selten evident sind. Zur erklärung beider stücke vgl. bes.: HARNACK TU IX 2² 1893; des evangeliums: vSCHUBERT d. Composition d. pseudopetrinischen Evangelienfragments 1893, d. Petrusevangelium (synoptische tabelle) 1893, STÜLCKEN in HENNECKEs Handbuch zu den neut. Apokryphen 72 ff. 1904; der apokalypse: DIETERICH, WEINEL in HENNECKEs Handbuch 285 ff. Die gesamte litteratur verzeichnet und bespricht EHRHARD die altchristliche Litteratur I 127 ff. 147 ff. Für alles übrige sind die besten ausgaben der zitierenden schriftsteller zu grunde gelegt; im Clemens Alexandrinus ist L = cod. Laur. V 3 saec. XI. Ueber anzahl und abgrenzung der fragmente, namentlich der des kerygmas, bestehn noch meinungsverschiedenheiten, vgl. bes. ZAHN Gesch. d. nt. Kan. II 2 820, HARNACK Litt.-Gesch. I 1 25, vDOBSCHÜTZ TU XI 1 1893, HILGENFELD z. wiss. Theol. 1893 518, BARDENHEWER altkirchl. Litteratur I 411, EHRHARD I 135 ff.; zur erklärung des kerygmas: HENNECKE in HENNECKEs Handbuch 239 ff.

In [ ] stehen nicht sicher oder gar nicht mehr gelesene buchstaben der handschrift C, in ⟨ ⟩ zusätze der herausgeber zu dem überlieferten text.

„Unveränderter Abdruck. Die aethiopische (und arabische) Textgestalt der Apokalypse des Petrus soll in der nächsten Auflage eingearbeitet werden."

Archiv-Nr. 33 32 33

ZEUGNISSE FÜR DAS PETRUSEVANGELIUM

I EUSEB. h. e. VI 12, 1—6. Τοῦ . . Σεραπίωνος . . . 2 ἕτερός τε συντεταγμένος αὐτῷ λόγος περὶ τοῦ λεγομένου κατὰ Πέτρον εὐαγγελίου, ὃν πεποίηται ἀπελέγχων τὰ ψευδῶς ἐν αὐτῷ εἰρημένα διά τινας ἐν τῇ κατὰ Ῥωσσὸν παροικίᾳ προφάσει τῆς εἰρημένης γραφῆς εἰς ἑτεροδόξους διδασκαλίας ἀποκείλαντας. ἀφ' οὗ εὔλογον βραχείας παραθέσθαι λέξεις, δι' ὧν ἣν εἶχεν περὶ τοῦ βιβλίου γνώμην προτίθησιν οὕτω γράφων· 3 ἡμεῖς γάρ, ἀδελφοί, καὶ Πέτρον καὶ τοὺς ἄλλους ἀποστόλους ἀποδεχόμεθα ὡς Χριστόν, τὰ δὲ ὀνόματι αὐτῶν ψευδεπίγραφα ὡς ἔμπειροι παραιτούμεθα, γινώσκοντες ὅτι τὰ τοιαῦτα οὐ παρελάβομεν. 4 ἐγὼ γὰρ γενόμενος παρ' ὑμῖν ὑπενόουν τοὺς πάντας ὀρθῇ πίστει προσφέρεσθαι καὶ μὴ διελθὼν τὸ ὑπ' αὐτῶν προφερόμενον ὀνόματι Πέτρου εὐαγγέλιον εἶπον ὅτι· εἰ τοῦτό ἐστιν μόνον τὸ δοκοῦν ὑμῖν παρέχειν μικροψυχίαν, ἀναγινωσκέσθω. νῦν δὲ μαθὼν ὅτι αἱρέσει τινὶ ὁ νοῦς αὐτῶν ἐφώλευεν, ἐκ τῶν λεχθέντων μοι, σπουδάσω πάλιν γενέσθαι πρὸς ὑμᾶς· ὥστε, ἀδελφοί, προσδοκᾶτέ με ἐν τάχει. 5 ἡμεῖς δέ, ἀδελφοί, καταλαβόμενοι ὁποίας ἦν αἱρέσεως ὁ Μαρκιανός, ⟨ὃς⟩ καὶ ἑαυτῷ ἐναντιοῦτο μὴ νοῶν ἃ ἐλάλει, ἃ μαθήσεσθε ἐξ ὧν ὑμῖν ἐγράφη, 6 ἐδυνήθημεν γὰρ παρ' ἄλλων τῶν ἀσκησάντων αὐτὸ τοῦτο τὸ εὐαγγέλιον, τοῦτ' ἐστὶν παρὰ τῶν διαδόχων τῶν καταρξαμένων αὐτοῦ, οὓς Δοκητὰς καλοῦμεν (τὰ γὰρ πλείονα φρονήματα ἐκείνων ἐστὶ τῆς διδασκαλίας), χρησάμενοι παρ' αὐτῶν διελθεῖν καὶ εὑρεῖν τὰ μὲν πλείονα τοῦ ὀρθοῦ λόγου τοῦ σωτῆρος, τινὰ δὲ προσδιεσταλμένα, ἃ καὶ ὑπετάξαμεν ὑμῖν.

II EUSEB. h. e. III 3 1—2. Πέτρου μὲν οὖν . . . 2 τό γε μὴν τῶν ἐπικεκλημένων αὐτοῦ πράξεων καὶ τὸ κατ' αὐτὸν ὠνομασμένον εὐαγγέλιον τό τε λεγόμενον αὐτοῦ κήρυγμα καὶ τὴν καλουμένην ἀποκάλυψιν οὐδ' ὅλως ἐν καθολικοῖς ἴσμεν παραδεδόμενα, ὅτι μήτε ἀρχαίων μήτε μὴν καθ' ἡμᾶς τις ἐκκλησιαστικὸς συγγραφεὺς ταῖς ἐξ αὐτῶν συνεχρήσατο μαρτυρίαις.

III THEODORET. h. f. II 2. Οἱ δὲ Ναζωραῖοι Ἰουδαῖοί εἰσιν τὸν Χριστὸν τιμῶντες ὡς ἄνθρωπον δίκαιον καὶ τῷ καλουμένῳ κατὰ Πέτρον εὐαγγελίῳ κεχρημένοι.

---

6 οὗ] ἧς codd. 15 ἐχώλευεν? Schwartz 26 ff. Euseb. h. e. III 25 6. Hier. uir. inl. 1 Gelasius decr. de libris rec.

RESTE DES PETRUSEVANGELIUMS

Das bruchstück von Akhmîm

p. 2 I 1 . . . τ[ῶν] δὲ Ἰουδαίων οὐδεὶς ἐνίψατο τὰς χεῖρας, οὐδὲ Ἡρῴδης οὐδέ τις [τ]ῶν κριτῶν αὐτοῦ. κ[αὶ μὴ] βουληθέντων νίψασθαι ἀνέσ[τ]η Πειλᾶτος· 2 καὶ τότε κελεύει Ἡρῴδης ὁ βασιλεὺς παρ[αλη]μφθῆναι τὸν κύριον, εἰπὼν αὐτοῖς ὅτι „ὅσα ἐκέλευσα ὑμῖν ποιῆσαι αὐτῷ ποιήσατε“.

II 3 Ἱστήκει δὲ ἐκεῖ Ἰωσήφ, ὁ φίλος Πειλάτου καὶ τοῦ κυρίου, καὶ εἰδὼς ὅτι σταυρίσκειν αὐτὸν μέλλουσιν ἦλθεν πρὸς τὸν Πειλᾶτον καὶ ᾔτησε τὸ σῶμα τοῦ κυρίου πρὸς ταφήν. 4 καὶ ὁ Πειλᾶτος πέμψας πρὸς Ἡρῴδην ᾔτησεν αὐτοῦ τὸ σῶμα· 5 καὶ ὁ Ἡρῴδης ἔφη· „ἀδελφὲ Πειλᾶτε, εἰ καὶ μή τις αὐτὸν ᾐτήκει, ἡμεῖς αὐτὸν ἐθάπτομεν, ἐπεὶ καὶ σάββατον ἐπιφώσκει. γέγραπται γὰρ ἐν τῷ νόμῳ ἥλιον μὴ δῦναι ἐπὶ πεφονευμένῳ“. καὶ παρέδωκεν αὐτὸν τῷ λαῷ πρὸ μιᾶς τῶν ἀζύμων, τῆς ἑορτῆς αὐτῶν.

III 6 Οἱ δὲ λαβόντες τὸν κύριον ὤθουν αὐτὸν τρέχοντες καὶ ἔλεγον· 7 „σύρωμεν τὸν υἱὸν τοῦ θεοῦ ἐξουσίαν αὐτοῦ ἐσχηκότες“. καὶ πορφύραν αὐτὸν περιέβαλον καὶ ἐκάθισαν αὐτὸν ἐπὶ καθέδραν κρίσεως λέγοντες· „δικαίως κρῖνε, βασιλεῦ τοῦ Ἰσραήλ“. 8 καί τις αὐτῶν ἐνεγκὼν στέφανον ἀκάνθινον p. 3 ἔθηκεν ἐπὶ τῆς κεφαλῆς τοῦ κυρίου, | 9 καὶ ἕτεροι ἑστῶτες ἐνέπτυον αὐτοῦ ταῖς ὄψεσι καὶ ἄλλοι τὰς σιαγόνας αὐτοῦ ἐράπισαν, ἕτεροι καλάμῳ ἔνυσσον αὐτὸν καί τινες αὐτὸν ἐμάστιζον λέγοντες· „ταύτῃ τῇ τιμῇ τιμήσωμεν τὸν υἱὸν τοῦ θεοῦ“.

IV 10 Καὶ ἤνεγκον δύο κακούργους καὶ ἐσταύρωσαν ἀνὰ μέσον αὐτῶν τὸν κύριον· αὐτὸς δὲ ἐσιώπα ὡς μηδένα πόνον ἔχων· 11 καὶ ὅτε ὤρθωσαν τὸν σταυρ ὀνεπέγραψαν ὅτι „οὗτός ἐστιν ὁ βασιλεὺς τοῦ Ἰσραήλ“. 12 καὶ τεθεικότες τὰ ἐνδύματα ἔμπροσθεν αὐτοῦ διεμερίσαντο, καὶ λαχμὸν ἔβαλον ἐπ' αὐτοῖς. 13 εἷς δέ τις τῶν κακούργων ἐκείνων ὠνείδισεν αὐτοὺς λέγων·

---

1 Vorherging etwa καὶ ὁ Πειλᾶτος ἐνίψατο τὰς χεῖρας vgl. Mt. 27 24; Didasc. V 19; Orig. Comm. in Mt. § 124 2 ουδετις (nicht ουδεεις) C wie es scheint | καὶ μὴ Murray | βουληθέντων] + αὐτῶν Gebhardt 3 Πειλατης C 4 παραλημφθῆναι Bouirant vgl Mt. 27 27; Jo. 19 16 παραπεμφθῆναι Manchot vgl. Justin. Dial. 40 7 σταυρώσειν Gebhardt Wilamowitz σταυρῶσαι Blass vgl. z. 24 s. 8 4 15 αυτων C 16 σύρομεν Gebhardt ἄρωμεν Harris Wilamowitz vgl. Jes. 3 9 σταυρῶμεν (= στρωμεν) Bennett 17 περιεβαλλον C 25 f. μηδεν π. C μηδὲ π. Wendland μηδὲν πόνου Zahn μηδένα π. Gebhardt u. a. 26 οτιεωρθωσαν C (?) | σταυρων C 29 ωνειδησεν C.

„ἡμεῖς διὰ τὰ κακὰ ἃ ἐποιήσαμεν οὕτω πεπόνθαμεν, οὗτος δὲ σωτὴρ γενόμενος τῶν ἀνθρώπων τί ἠδίκησεν ὑμᾶς“; 14 καὶ ἀγανακτήσαντες ἐπ' αὐτῷ ἐκέλευσαν ἵνα μὴ σκελοκοπηθῇ, ὅπως βασανιζόμενος ἀποθάνῃ.

V 15 Ἦν δὲ μεσημβρία, καὶ σκότος κατέσχε πᾶσαν τὴν Ἰουδαίαν· καὶ ἐθορυβοῦντο καὶ ἠγωνίων μήποτε ὁ ἥλιος ἔδυ ἐπειδὴ ἔτι ἔζη· γέγραπται ⟨γὰρ⟩ αὐτοῖς ἥλιον μὴ δῦναι ἐπὶ πεφονευμένῳ. 16 καί τις αὐτῶν | εἶπεν· „ποτίσατε αὐτόν p. 4 χολὴν μετὰ ὄξους“· καὶ κεράσαντες ἐπότισαν. 17 καὶ ἐπλήρωσαν πάντα καὶ ἐτελείωσαν κατὰ τῆς κεφαλῆς αὐτῶν τὰ ἁμαρτήματα. 18 περιήρχοντο δὲ πολλοὶ μετὰ λύχνων ⟨καὶ⟩ νομίζοντες ὅτι νύξ ἐστι(ν ἀν)επαύσαντο. 19 καὶ ὁ κύριος ἀνεβόησε λέγων· „ἡ δύναμίς μου, ἡ δύναμίς ⟨μου⟩, κατέλειψάς με“· καὶ εἰπὼν ἀνελήφθη. 20 καὶ αὐτοσώρας διεράγη τὸ καταπέτασμα τοῦ ναοῦ τῆς Ἰερουσαλὴμ εἰς δύο. VI 21 καὶ τότε ἀπέσπασαν τοὺς ἥλους ἀπὸ τῶν χειρῶν τοῦ κυρίου καὶ ἔθηκαν αὐτὸν ἐπὶ τῆς γῆς· καὶ ἡ γῆ πᾶσα ἐσείσθη καὶ φόβος μέγας ἐγένετο. 22 τότε ἥλιος ἔλαμψε καὶ εὑρέθη ὥρα ἐνάτη. 23 ἐχάρησαν δὲ οἱ Ἰουδαῖοι καὶ δεδώκασι τῷ Ἰωσὴφ τὸ σῶμα αὐτοῦ ἵνα αὐτὸ θάψῃ, ἐπειδὴ θεασάμενος ἦν ὅσα ἀγαθὰ ἐποίησεν. 24 λαβὼν δὲ τὸν κύριον ἔλουσε καὶ ⟨ἐν⟩είλησε σινδόνι καὶ εἰσήγαγεν εἰς ἴδιον τάφον καλούμενον κῆπον Ἰωσήφ.

VII 25 Τότε οἱ Ἰουδαῖοι καὶ οἱ πρεσβύτεροι καὶ οἱ ἱερεῖς γνόντες οἷον | κακὸν ἑαυτοῖς ἐποίησαν ἤρξαντο κό- p. 5 πτεσθαι καὶ λέγειν· „οὐαὶ ταῖς ἁμαρτίαις ἡμῶν· ἤγγισεν ἡ κρίσις καὶ τὸ τέλος Ἰερουσαλήμ“. 26 ἐγὼ δὲ μετὰ τῶν ἑταίρων μου ἐλυπούμην, καὶ τετρωμένοι κατὰ διάνοιαν ἐκρυβόμεθα· ἐζητούμεθα γὰρ ὑπ' αὐτῶν ὡς κακοῦργοι καὶ ὡς τὸν ναὸν θέλοντες ἐμπρῆσαι. 27 ἐπὶ δὲ τούτοις πᾶσιν ἐνηστεύομεν καὶ ἐκαθεζόμεθα πενθοῦντες καὶ κλαίοντες νυκτὸς καὶ ἡμέρας ἕως τοῦ σαββάτου.

---

1 οὗτος] ουτως C 4 αποθανοι C 6 f. ἔδυ ἐπειδὴ γέγραπται αὐτοῖς Piccolomini 7 γἄρ Bouriant 8 πεφωνευμενω C 10 ἐτελείωσαν ⟨καὶ⟩ κατὰ τῆς κεφαλῆς ⟨αὐτῶν κατέβησαν⟩ αὐτῶν Piccolomini vgl. Ps. 7 17; doch vgl. Orig. Comm. in Mt. § 137: et sic impleuit prophetiam in se dicentem de se: „et dederunt in escam meam fel“ etc. 11 f. καὶ .... ἀνεπαύσαντο Gebhardt vgl. Ex. 10 23; Orig. Comm. in Mt. § 134 ἔπεσαν τε Robinson al. vgl. Amos 8 14 ⟨καὶ⟩ ἐπέσαντο Harnack ⟨καὶ ἀν⟩επέσαντο Lods ἔπταισαν Hoffmann ἐπαίσαντο Hilgenfeld μέση Piccolomini επεσαντο C 13 μου Harnack 14 αὐτῆς ὥρας Robinson al. doch vgl. Usener Göttinger Nachr. ph. h. 1892 s. 45; Diels, Parmenides' Lehrgedicht s. 95 18 ἐγένετο] o aus e corr. C ⟨ὁ⟩ ἥλιος? Gebhardt 20 αὐτοῦ ⟨ὁ δὲ ἔλαβεν⟩ ἵνα Piccolomini | ινι C | 21 ἐνείλησε Gebhardt Blass vgl. Mc. 15 46 | σινδονιν C 23 f. και οιερεις C 27 τετρυμένοι Wilamowitz.

VIII 28 Συναχθέντες δὲ οἱ γραμματεῖς καὶ Φαρισαῖοι καὶ πρεσβύτεροι πρὸς ἀλλήλους, ἀκούσαντες ὅτι ὁ λαὸς ἅπας γογγύζει καὶ κόπτεται τὰ στήθη λέγοντες ὅτι „εἰ τῷ θανάτῳ αὐτοῦ ταῦτα τὰ μέγιστα σημεῖα γέγονεν, ἴδετε ὁπόσον δίκαιός ἐστιν“, 29 ἐφοβήθησαν καὶ ἦλθον πρὸς Πειλᾶτον δεόμενοι αὐτοῦ καὶ λέγοντες· 30 „παράδος ἡμῖν στρατιώτας, ἵνα φυλάξω- p. 6 ⟨μεν⟩ τὸ μνῆμα αὐτοῦ ἐπὶ τρεῖς ἡμ[έρας], μήποτε ἐλθόντες | οἱ μαθηταὶ αὐτοῦ κλέψωσιν αὐτὸν καὶ ὑπολάβῃ ὁ λαὸς ὅτι ἐκ νεκρῶν ἀνέστη, καὶ ποιήσωσιν ἡμῖν κακά“. 31 ὁ δὲ Πειλᾶτος παραδέδωκεν αὐτοῖς Πειρώνιον τὸν κεντυρίωνα μετὰ στρατιωτῶν φυλάσσειν τὸν τάφον. καὶ σὺν αὐτοῖς ἦλθον πρεσβύτεροι καὶ γραμματεῖς ἐπὶ τὸ μνῆμα. 32 καὶ κυλίσαντες λίθον μέγαν μετὰ τοῦ κεντυρίωνος καὶ τῶν στρατιωτῶν ὁμοῦ πάντες οἱ ὄντες ἐκεῖ ἔθηκαν ἐπὶ τῇ θύρᾳ τοῦ μνήματος, 33 καὶ ἐπέχρισαν ἑπτὰ σφραγῖδας, καὶ σκηνὴν ἐκεῖ πήξαντες ἐφύλαξαν. IX 34 πρωίας δὲ ἐπιφώσκοντος τοῦ σαββάτου ἦλθεν ὄχλος ἀπὸ Ἱερουσαλὴμ καὶ τῆς περιχώρου ἵνα ἴδωσι τὸ μνημεῖον ἐσφραγισμένον.

35 Τῇ δὲ νυκτὶ ᾗ ἐπέφωσκεν ἡ κυριακή, φυλασσόντων τῶν στρατιωτιῶν ἀνὰ δύο κατὰ φρουράν, μεγάλη φωνὴ ἐγένετο ἐν τῷ οὐρανῷ, 36 καὶ εἶδον ἀνοιχθέντας τοὺς οὐρα[ν]οὺς καὶ p. 7 δύο ἄνδρας | κατελθόντας ἐκεῖθεν πολὺ φέγγος ἔχοντας καὶ ἐγγίσαντας τῷ τάφῳ. 37 ὁ δὲ λίθος ἐκεῖνος ὁ βεβλημένος ἐπὶ τῇ θύρᾳ ἀφ' ἑαυτοῦ κυλισθεὶς ἀπεχώρησε παρὰ μέρος, καὶ ὁ τάφος ἠνοίγη καὶ ἀμφότεροι οἱ νεανίσκοι εἰσῆλθον. X 38 ἰδόντες οὖν οἱ στρατιῶται ἐκεῖνοι ἐξύπνισαν τὸν κεντυρίωνα καὶ τοὺς πρεσβυτέρους (παρῆσαν γὰρ καὶ αὐτοὶ φυλάσσοντες), 39 καὶ ἐξηγουμένων αὐτῶν ἃ εἶδον πάλιν ὁρῶσιν ἐξελθόντας ἀπὸ τοῦ τάφου τρεῖς ἄνδρας, καὶ τοὺς δύο τὸν ἕνα ὑπορθοῦντας καὶ σταυρὸν ἀκολουθοῦντα αὐτοῖς, 40 καὶ τῶν μὲν δύο τὴν κεφαλὴν χωροῦσαν μέχρι τοῦ οὐρανοῦ, τοῦ δὲ χειραγωγουμένου ὑπ' αὐτῶν ὑπερβαίνουσαν τοὺς οὐρανούς· 41 καὶ φωνῆς ἤκουον ἐκ τῶν οὐρανῶν λεγούσης· „ἐκήρυξας τοῖς κοιμωμένοις“; 42 καὶ ὑπακοὴ ἠκούετο

---

3 εἰ] ἐπὶ Wilamowitz 4 ὁπόσον Diels οτιποσον C 5 ἐφοβήθησαν] + οι πρεσβυτεροι C del. Gebhardt u. a. 6 φυλάξωμεν Bouriant φυλάξωσι Robinson 10 παρέδωκεν? Zahn; vgl. s. 5 19 | στρατιωτον C 11 ⟨οἱ⟩ πρεσβύτεροι? Harnack 12 μετὰ Harnack al. κατα C κατὰ ⟨πρόσταγμα⟩? Gebhardt 14 επεχρεισαν C 20 ανοιχθεντες C 21 εκειθε C (Piccolomini: εκεισε) 22 λειθος C 23 ἀπεχώρησε Gebhardt Blass ὑπεχώρησε Robinson επεχωρεσε C 24 ενοιγη C 26 αυτοι C w. e. sch. 27 ορασιν εξελθοντος C 28 ανδρες C 29 ακολοθουντα C 30 τοῦ δὲ] τὴν δὲ ⟨τοῦ⟩ Wilamowitz | χειρατωτουμενου C 31 φωνη C 32 κοινωμενοις C κοιμωμένοις· Bennett Gebhardt.

ἀπὸ τοῦ σταυροῦ ὅτι „ναί“. XI 43 συνεσκέπτοντο οὖν ἀλλήλοις ἐκεῖνοι ἀπελθεῖν | καὶ ἐνφανίσαι ταῦτα τῷ Πειλάτῳ· p. 8 44 καὶ ἔτι διανοουμένων αὐτῶν φαίνονται πάλιν ἀνοιχθέντες οἱ οὐρανοὶ καὶ ἄνθρωπός τις κατελθὼν καὶ εἰσελθὼν εἰς τὸ μνῆμα. 45 ταῦτα ἰδόντες οἱ περὶ τὸν κεντυρίωνα νυκτὸς ἔσπευσαν πρὸς Πειλᾶτον, ἀφέντες τὸν τάφον ὃν ἐφύλασσον, καὶ ἐξηγήσαντο πάντα ἅπερ εἶδον, ἀγωνιῶντες μεγάλως καὶ λέγοντες· „ἀληθῶς υἱὸς ἦν θεοῦ“. 46 ἀποκριθεὶς ὁ Πειλᾶτος ἔφη· „ἐγὼ καθαρεύω τοῦ αἵματος τοῦ υἱοῦ τοῦ θεοῦ, ὑμῖν δὲ τοῦτο ἔδοξεν“. 47 εἶτα προσελθόντες πάντες ἐδέοντο αὐτοῦ καὶ παρεκάλουν κελεῦσαι τῷ κεντυρίωνι καὶ τοῖς στρατιώταις μηδενὶ εἰπεῖν ἃ εἶδον· 48 „συμφέρει γάρ“, φασίν, „ἡμῖν ὀφλῆσαι μεγίστην ἁμαρτίαν ἔμπροσθεν τοῦ θεοῦ καὶ μὴ ἐμπεσεῖν εἰς χεῖρας τοῦ λαοῦ τῶν Ἰουδαίων καὶ λιθασθῆναι“. 49 ἐκέλευσεν οὖν ὁ Πειλᾶτος τῷ κεντυρίωνι καὶ τοῖς στρατιώταις μηδὲν εἰπεῖν.

XII 50 Ὄρθρου δὲ τῆς κυριακῆς Μαριὰμ ἡ Μαγδαληνή, μαθήτρια τοῦ κυρίου (⟨ἣ⟩ φοβουμένη διὰ τοὺς Ἰουδαίους, ἐπειδὴ ἐφλέγοντο | ὑπὸ τῆς ὀργῆς, οὐκ ἐποίησεν ἐπὶ τῷ p. 9 μνήματι τοῦ κυρίου ἃ εἰώθεσαν ποιεῖν αἱ γυναῖκες ἐπὶ τοῖς ἀποθνήσκουσι τοῖς καὶ ἀγαπωμένοις αὐταῖς) 51 λαβοῦσα μεθ’ ἑαυτῆς τὰς φίλας ἦλθεν ἐπὶ τὸ μνημεῖον ὅπου ἦν τεθείς. 52 καὶ ἐφοβοῦντο μὴ ἴδωσιν αὐτὰς οἱ Ἰουδαῖοι καὶ ἔλεγον· „εἰ καὶ μὴ ἐν ἐκείνῃ τῇ ἡμέρᾳ ᾗ ἐσταυρώθη ἐδυνήθημεν κλαῦσαι καὶ κόψασθαι, κἂν νῦν ἐπὶ τοῦ μνήματος αὐτοῦ ποιήσωμεν ταῦτα. 53 τίς δὲ ἀποκυλίσει ἡμῖν καὶ τὸν λίθον τὸν τεθέντα ἐπὶ τῆς θύρας τοῦ μνημείου, ἵνα εἰσελθοῦσαι παρακαθεσθῶμεν αὐτῷ καὶ ποιήσωμεν τὰ ὀφειλόμενα; 54 μέγας γὰρ ἦν ὁ λίθος, καὶ φοβούμεθα μή τις ἡμᾶς ἴδῃ. καὶ εἰ μὴ δυνάμεθα, κἂν ἐπὶ τῆς θύρας βάλωμεν ἃ φέρομεν εἰς μνημοσύνην αὐτοῦ, ⟨καὶ⟩ κλαύσωμεν καὶ κοψώμεθα ἕως ἔλθωμεν εἰς τὸν οἶκον ἡμῶν“. XIII 55 καὶ ἐπελθοῦσαι εὗρον τὸν

---

1 ὅτι ναί Blass. al. τὸ ναὶ Swete τιναι C 4 κατελθον C 5 κεντυρωνα C 7 ἀγωνιῶντες Diels al. απανιωντες C 9 ημιν C 10 f. καὶ παρεκάλουν Bouriant καιπερεκαλουν C 11 κεντυριων C 11 f. μηδὲν εἰπεῖν· συμφέρει Piccolomini | μηδενὶ Zahn Wilamowitz μηδεν C 12 ἃ] ὧν Blass 15 των κεντυριων C | μηδὲν] μηδενὶ Wilamowitz ⟨μηδενὶ⟩ μηδὲν Gebhardt vgl. Mc. 1 44 17 ορθου C | μαγδαλινη C 18 ἣ Wilamowitz 20 εἰώθασιν? Wilamowitz 21 καὶ del. Fraenkel al. 22 ηλθε C 25 κοψεσθαι C | κἂν Blass al. vgl. z. 30 και C 26 καὶ] + ἀπωθήσει Piccolomini 28 οφιλομενα C 31 καὶ Harnack | κλαύσωμεν καὶ κοψώμεθα Harnack Robinson κλαυσομεν και κοψομεθα C 32 ἐπελθοῦσαι Kunze απελθουσαι C.

τάφον ἠνεῳγμένον· καὶ προσελθοῦσαι παρέκυψαν ἐκεῖ, καὶ ὁρῶσιν ἐκεῖ τινα νεανίσκον καθεζόμενον ⟨ἐν⟩ μέσῳ τοῦ τάφου p. 10 ὡραῖον καὶ περιβεβλημένον | στολὴν λαμπροτάτην, ὅστις ἔφη αὐταῖς· 56 „τί ἤλθατε; τίνα ζητεῖτε; μὴ τὸν σταυρωθέντα ἐκεῖνον; ἀνέστη καὶ ἀπῆλθεν· εἰ δὲ μὴ πιστεύετε, παρακύψατε καὶ ἴδετε τὸν τόπον ἔνθα ἔκειτο, ὅτι οὐκ ἔστιν· ἀνέστη γὰρ καὶ ἀπῆλθεν ἐκεῖ ὅθεν ἀπεστάλη". 57 τότε αἱ γυναῖκες φοβηθεῖσαι ἔφυγον.

XIV 58 Ἦν δὲ τελευταία ἡμέρα τῶν ἀζύμων, καὶ πολλοί τινες ἐξήρχοντο ὑποστρέφοντες εἰς τοὺς οἴκους αὐτῶν τῆς ἑορτῆς παυσαμένης. 59 ἡμεῖς δὲ οἱ δώδεκα μαθηταὶ τοῦ κυρίου ἐκλαίομεν καὶ ἐλυπούμεθα, καὶ ἕκαστος λυπούμενος διὰ τὸ συμβὰν ἀπηλλάγη εἰς τὸν οἶκον αὐτοῦ. 60 ἐγὼ δὲ Σίμων Πέτρος καὶ Ἀνδρέας ὁ ἀδελφός μου λαβόντες ἡμῶν τὰ λίνα ἀπήλθαμεν εἰς τὴν θάλασσαν· καὶ ἦν σὺν ἡμῖν Λευεὶς ὁ τοῦ Ἀλφαίου, ὃν κύριος . . . .

Aus Origenes Comm. in Matth. X 17

Τοὺς δὲ ἀδελφοὺς Ἰησοῦ φασί τινες εἶναι, ἐκ παραδόσεως ὁρμώμενοι τοῦ κατὰ Πέτρον εὐαγγελίου ἢ τῆς βίβλου Ἰακώβου, υἱοὺς Ἰωσὴφ ἐκ προτέρας γυναικός, συνῳκηκυίας αὐτῷ πρὸ τῆς Μαρίας.

RESTE DER PETRUSAPOKALYPSE

Das bruchstück von Akhmîm

p. 14 I 1 „. . . | πολλοὶ ἐξ αὐτῶν ἔσονται ψευδοπροφῆται, καὶ ὁδοὺς καὶ δόγματα ποικίλα τῆς ἀπωλείας διδάξουσιν· 2 ἐκεῖνοι δὲ υἱοὶ τῆς ἀπωλείας γενήσονται. 3 καὶ τότε ἐλεύσεται ὁ θεὸς ἐπὶ τοὺς πιστούς μου τοὺς πεινῶντας καὶ διψῶν[τας] καὶ θλιβομένους καὶ ἐν τούτῳ τῷ βίῳ τὰς ψυχὰς ἑαυτῶν δοκιμάζοντας, καὶ κρινεῖ τοὺς υἱοὺς τῆς ἀνομίας".

II 4 Καὶ προσθεὶς ὁ κύριος ἔφη· „ἄγωμεν εἰς τὸ ὄρος, εὐξώμεθ[α]". 5 ἀπερχόμενοι δὲ μετ' αὐτοῦ ἡμεῖς οἱ δώδεκα μ[α]θ[η]ταὶ ἐδεήθημεν, ὅπως δείξῃ ἡμῖν ἕνα τῶν ἀδελφῶν ἡμῶν

---

1 ἐκεῖ] εἴσω Piccolomini 2 ἐν Gebhardt 4 αυταιοτι C 5 πιστευεται C 6 ἴδετε Bouriant ιδατε C | ἔκειτο] το übergeschr. C | ἔστιν (vgl. Mc. 16 6 Par.)] ἔνεστιν Nicholson Wilamowitz 8 φοβηθεις C 11 παυσαμινης C 15 θαλλασσαν C 16 ὃν ὁ κύριος Robinson 25 ποικιλοι C | διδαξωσιν C 26 εκοινοι C 27 τοὺς[1]] του C | πινωντας (aus πισωντας) C 28 διψον[illegible] C 30 καὶ] aus κασ C | ὄρος] ορους C + καὶ James.

⟨τῶν⟩ δικαίων τῶν ἐξελθόντων ἀπὸ τοῦ κόσμου, ἵνα ἴδωμεν ποταποί εἰσι τὴν μορφὴν καὶ θαρσήσαντες παραθαρσύνωμεν καὶ τοὺς ἀκούοντας ἡμῶν ἀνθρώπους. III 6 [κ]αὶ εὐχομένων ἡμῶν ἄ[φνω] φ[αίν]ονται δύο ἄνδρες ἑστῶτες ἔμπροσθε τοῦ κυρίου πρὸς ο[ὓς] οὐκ ἐδυνήθημεν ἀντιβλέψαι· 7 ἐξήρ[χ]ετο γὰρ ἀπὸ τῆς ὄψεως αὐτῶν ἀκτὶν ὡς ἡλίου καὶ φωτεινὸν ἦν αὐ[τῶν τὸ] ἔνδυμα, ὁποῖον ο[ὐ]δέποτε ὀφθαλμὸς ἀνθρώπ[ου εἶδεν· οὐδὲ γὰ]ρ στόμα δύναται ἐξηγήσασθαι ἢ κ[αρδία ἐπινοῆσα]ι τὴν δόξαν ἣν [ἐ]νεδέδυντο καὶ τὸ κάλ[λος τῆς ὄψ]εως | αὐτῶν. p. 15
8 οὓς ἰδόντες ἐθαμβώθημεν· τὰ μὲν γὰρ σώματα αὐτῶν ἦν λευκότερα πάσης χιόνος καὶ ἐρυθρότερα παντὸς ῥόδου. 9 συνεκέκρατο δὲ τὸ ἐρυθρὸν αὐτῶν τῷ λευκῷ, καὶ ἁπλῶς οὐ δύναμαι ἐξηγήσασθαι τὸ κάλλος αὐτῶν. 10 ἥ τε γὰρ κόμη αὐτῶν οὔλη ἦν καὶ ἀνθηρὰ καὶ ἐπιπρέπουσα αὐτῶν τῷ τε προσώπῳ καὶ τοῖς ὤμοις ὥσπερ εἰς στέφανος ἐκ νάρδου στάχυος πεπλεγμένος καὶ ποικίλων ἀνθῶν ἢ ὥσπερ ἶρις ἐν ἀέρι· τοιαύτη ἦν αὐτῶν ἡ εὐπρέπεια.

IV 11 Ἰδόντες οὖν αὐτῶν τὸ κάλλος ἔκθαμβοι γεγόναμεν πρὸς αὐτούς, ἐπειδὴ ἄφνω ἐφάνησαν. 12 καὶ προσελθὼν τῷ κυρίῳ εἶπον· „τίνες εἰσὶν οὗτοι“; 13 λέγει μοι· „οὗτοί εἰσιν οἱ ἀδελφοὶ ὑμῶν οἱ δίκαιοι ὧν ἠθελήσατε [τὰ]ς μορφὰς ἰδεῖν“. 14 κἀγὼ ἔφην αὐτῷ· „καὶ ποῦ εἰσι πάντες οἱ δίκαιοι ἢ ποῖός ἐστιν ὁ αἰὼν ἐν ᾧ εἰσι ταύτην ἔχοντες τὴν δόξαν“; V 15 καὶ ὁ κύριος ἔδειξέ μοι μέγιστον χῶρον ἐκτὸς τού[τ]ου τοῦ κόσμου ὑπέρλαμπρον τῷ φωτί, καὶ τὸν ἀέρα τὸν ἐκεῖ ἀκτῖσιν ἡλίου καταλαμπόμενον | καὶ τὴν γῆν αὐτὴν ἀνθοῦσαν p. 16
ἀμαράντοις ἄνθεσι καὶ ἀρωμάτων πλήρη καὶ φυτῶν εὐανθῶν καὶ ἀφθάρτων καὶ καρπὸν εὐλογημένον φερόντων. 16 τοσοῦτον δὲ ἦν τὸ ἄνθος ὡς καὶ ἐφ' ἡμᾶς ἐκεῖθεν φέρεσθαι. 17 οἱ δὲ οἰκήτορες τοῦ τόπου ἐκείνου ἐνδεδυμένοι ἦσαν ἔνδυμα ἀγγέλων φωτεινόν, καὶ ὅμοιον ἦν τὸ ἔνδυμα αὐτῶν τῇ χώρᾳ αὐτῶν. 18 ἄγγελοι δὲ περιέτρεχον αὐτοὺς ἐκεῖσε. 19 ἴση δὲ ἦν ἡ

---

1 τῶν[1] Harnack 4 ἄφνω φαίνονται vgl. z. 19 | ἔμπροσθεν Gebhardt 6 ἀκτὶς Funk | φωτινον C 7 ἀνθρώπου εἶδεν· οὐδὲ γὰρ Lods 8 καρδία ἐπινοῆσαι (χωρῆσαι Wilamowitz ἐκφράσαι James) Lods 9 ἐνεδέδυντο] [ε]ν übergeschr., -δε- aus -δυ- corr. C | κάλλος τῆς ὄψεως Gebhardt vgl. z. 13 καλω▮ C 11 λευκοτερον C 12 των λευκων C 14 ανθερα C 15 ὡσπερεὶ Blass James ωσπερεις C vgl. epist. Lugdun. bei Euseb. h. e. V 1 36: ἐκ διαφόρων γὰρ χρωμάτων καὶ παντοίων ἀνθῶν ἕνα πλέξαντες στέφανον προσήνεγκαν τῷ πατρί 16 τοιαυτην ην C 21 ημων C ὑμῶν Harnack vgl. s. 8 32 u. 10 3 23 ἢ] l. καὶ? 29 ὡς] + ὀσμὴν Usener 31 φωτεινόν Piccolomini vgl. z. 6 s. 10 8 φωτινω̄ C 32 αὐτοὺς] + κατελθόντες Piccolomini vgl. s. 6 21.

δόξα τῶν ἐκεῖ οἰκητόρων, καὶ μιᾷ φωνῇ τὸν κύριον θεὸν ἀνευφήμουν εὐφραινόμενοι ἐν ἐκείνῳ τῷ τόπῳ. 20 λέγει ἡμῖν ὁ κύριος· „οὗτός ἐστιν ὁ τόπος τῶν ἀδελφῶν ὑμῶν τῶν δικαίων ἀνθρώπων".

VI 21 Εἶδον δὲ καὶ ἕτερον τόπον καταντικρὺς ἐκείνου αὐχμηρότατον. καὶ ἦν τόπος κολ[ά]σεως, καὶ οἱ κολαζόμενοι ἐκεῖ καὶ οἱ κολάζοντες ἄγγελοι σκοτεινὸν εἶχον ⟨τὸ ἔνδυμα⟩ αὐτῶν, ἐνδεδυμένοι κατὰ τὸν ἀέρα τοῦ τόπου.

VII 22 Καί τινες ἦσαν ἐκεῖ ἐκ τῆς γλώσσης κρεμάμενοι· οὗτοι δὲ ἦσαν οἱ βλασφημοῦντες τὴν ὁδὸν τῆς δικαιοσύνης, καὶ ὑπέκειτο αὐτοῖς πῦρ φλεγόμενον καὶ κολάζον αὐτούς.

VIII 23 Καὶ λίμνη τις ἦν μεγάλη πεπληρωμένη p. 17 | βορβόρου φλεγομένου, ἐν ᾧ ἦσαν ἄνθρωποί τινες ἀποστρέφοντες τὴν δικαιοσύνην, καὶ ἐπέκειντο αὐτοῖς ἄγγελοι βασανισταί.

IX 24 Ἦσαν δὲ καὶ ἄλλοι· γυν[αῖ]κες [τ]ῶν πλοκάμων ἐξηρτημέναι ἀνωτέρω τοῦ βορβόρο[υ] ἐκείν[ου] τοῦ ἀναπαφλάζοντος· αὗτ[αι δ]ὲ ἦσαν αἱ πρὸς μοιχείαν κοσμηθεῖσαι· οἱ δὲ συμμιγ[έντ]ες αὐτῶν τῷ μιάσματι τῆς μοιχείας ἐκ τῶν ποδῶν [ἦσαν] κ[ρεμάμενοι κ]αὶ τὰς κεφαλὰς εἶχον ἐν τῷ βορβόρ[ῳ, καὶ] φ[ωνῇ μεγάλῃ] ἔλεγον· „οὐκ ἐπιστεύομεν ἐλεύσεσθαι εἰς τοῦτον τὸν τόπον".

X 25 Καὶ τοὺς φονεῖς ἔβλεπον καὶ τοὺς συνειδότας αὐτοῖς βεβλημένους ἔν τινι τόπῳ τεθλιμμένῳ καὶ πεπληρωμένῳ ἑρπετῶν πονηρῶν καὶ πλησσομένους ὑπὸ τῶν θηρίων ἐκείνων καὶ οὕτω στρεφομένους ἐκεῖ ἐν τῇ κολάσει ἐκείνῃ· ἐπέκειντο δὲ αὐτοῖς σκώληκες ὥσπερ νεφέλαι σκότους. αἱ δὲ ψυχαὶ τῶν πεφονευμένων ἑστῶσαι καὶ ἐφορῶσαι τὴν κόλασιν ἐκείνων τῶν φονέων ἔλεγον· „ὁ θεός, δικαία σου ἡ κρίσις".

XI 26 Πλησίον δὲ τοῦ τόπου ἐκείνου εἶδον ἕτερον τόπον p. 18 | τεθλιμμ[έν]ον ἐν ⟨ᾧ⟩ ὁ ἰχὼρ καὶ ἡ δυσωδία τῶν κολαζομένων

1 ανευφημουν (aus ανεφ) C 3 ο τοπως C | ἀδελφῶν Wilamowitz Piccolomini vgl. s. 8 32 9 21 ἀρχιερέων Harnack vgl. Didache 13 3 ἀρχηγῶν Schubert al. αρχερω̄ C | δικαιον C 5 εταιρον τοπω̄ κανταντικρυς C 6 αὐχμηροτατον Blass αὐχμηρόν, τὸν ⟨τῶν ἀδίκων⟩ Piccolomini αυχμηροντων C | κολασζομενοι C 7 καὶ] κ aus ο C | σχολαζοντες aus σκολαζοντες C | σκοτινον C 7f. τὸ ἔνδυμα αὐτῶν ἐνδεδυμένοι Wilamowitz αὐτῶν τὸ ἔνδυμα Blass Gebhardt αυτων ενδεδυμενα C | 8 τὸν] ν übergeschr. C 10 διοκαιοσυνης C 14 βασανισται (aus βανισται) C 15 δὲ] + ἐκεῖ? Piccolomini | αλλοι C ἄλλαι Dieterich ἄλλοι ⟨ἄνδρες καὶ γυναῖκες⟩ Piccolomini 16 εξηρτημενα C | αναπαφλαζοντος (aus αναφ) C 17 αἱ Harnack ην C 18 αὐταῖς Usener | μειχιας C 19 ἦσαν κρεμάμενοι καὶ James 20 καὶ φωνῇ μεγάλῃ Gebhardt κρυφθείσας καὶ Sudhaus | ελευσεθαι C 25 στρεφομένους] + ὥστε διασπασθῆναι? Piccolomini | κολαζει C 30 ᾧ Harnack.

κατέρρεε καὶ ὥσπερ λίμνη ἐγίνετο ἐκεῖ· κἀκεῖ ἐκάθηντο γυναῖκες ἔχουσαι τὸν ἰχῶρα μέχρι τ[ῶ]ν τραχήλ[ων], καὶ ἀντικρὺς αὐτῶν πολλοὶ παῖδες, ο[ἵτινε]ς ἄωροι ἐτ[ί]κτοντο, καθήμενοι ἔκλαιον, καὶ προήρχοντο ἐξ αὐ[τῶν φλόγ]ες πυρὸς καὶ τὰς γυναῖκας ἔπλησσον κατὰ τῶ[ν] ὀφθαλμῶν· αὗται δὲ ἦσαν αἱ ἀ[γάμως τὰ βρέφη τεκο]ῦσαι καὶ ἐκτρώσασαι.

XII 27 Καὶ ἕτεροι [ἄνδρες] καὶ γυναῖκ[ε]ς φλεγόμενοι ἦσαν μέχρι τοῦ ἡμίσους αὐτῶν καὶ βεβλημένοι ἐν τόπῳ σκοτεινῷ καὶ μαστιζόμενοι ὑπὸ πνευμάτων πονηρῶν καὶ ἐσθιόμενοι τὰ σπλάγχνα ὑπὸ σκωλήκων ἀκοιμήτων· οὗτοι δὲ ἦσαν οἱ διώξαντες τοὺς δικαίους καὶ παραδόντες αὐτούς.

XIII 28 Καὶ πλησίον ἐκείνων πάλιν γυναῖκες καὶ ἄνδρες μασώμενοι αὐτῶν τὰ χείλη καὶ κολαζόμενοι καὶ πεπυρωμένον σίδηρον κατὰ τῶν ὀφθαλμῶν λαμβάνοντες· οὗτοι δὲ ἦσαν οἱ βλασφημήσαντες καὶ κακῶς εἰπόντες τὴν ὁδὸν | τῆς δικαιοσύνης. p. 19

XIV 29 Καὶ κατἀντικρὺ τούτων ἄλλοι πάλιν ἄνδρες καὶ γυναῖκες τὰς γλώσσας αὐτῶν μασώμενοι καὶ πῦρ φλεγόμεν[ο]ν ἔχοντες ἐν τῷ στόματι· οὗτοι δὲ ἦσαν οἱ ψευδομάρτυρες.

XV 30 Καὶ ἐν ἑτέρῳ τινὶ τόπῳ χάλικες ἦσαν ὀξύτεροι ξιφῶν καὶ παντὸς ὀβελίσκου, πεπυρωμένοι· καὶ γυναῖκες καὶ ἄνδρες ῥάκη ῥυπαρὰ ἐνδεδυμένοι ἐκυλίοντο ἐπ' αὐτῶν κολαζόμενοι· οὗτοι δὲ ἦσαν οἱ πλουτοῦντες καὶ τῷ πλούτῳ αὐτῶν πεποιθότες καὶ μὴ ἐλεήσαντες ὀρφανοὺς καὶ χήρας, ἀλλ' ἀμελήσαντες τῆς ἐντολῆς τοῦ θεοῦ.

XVI 31 Ἐν δὲ ἑτέρᾳ λίμνῃ μεγάλῃ πεπληρωμένῃ πύου καὶ αἵματος καὶ βορβόρου ἀναζέοντος ἱστήκεισαν ἄνδρες καὶ γυναῖκες μέχρι γονάτων· οὗτοι δὲ ἦσαν οἱ δανείζοντες καὶ ἀπαιτοῦντες τόκους τόκων.

XVII 32 Ἄλλοι ἄνδρες καὶ γυναῖκες ἀπὸ κρημνοῦ μεγάλου καταστρεφόμενοι ἤρχοντο κάτω καὶ πάλιν ἠλαύνοντο ὑπὸ τῶν ἐπικειμένων ἀναβῆναι ἄνω | ἐπὶ τοῦ κρημνοῦ καὶ p. 20
κατεστρέφοντο ἐκεῖθεν κάτω, καὶ ἡσυχίαν οὐκ εἶχον ἀπὸ ταύτης τῆς κολάσεως· οὗτοι δὲ ἦσαν οἱ μιάναντες τὰ σώματα ἑαυτῶν ὡς γυναῖκες ἀναστρεφόμενοι, αἱ δὲ μετ' αὐτῶν γυναῖκες αὗται ἦσαν αἱ συγκοιμηθεῖσαι ἀλλήλαις ὡς ἂν ἀνὴρ πρὸς γυναῖκα.

---

3 οἵτινες James οἳ αὐταῖς Diels 4 φλόγες James ἀκτῖνες Diels, vgl. Clem. Alex. Eclog. proph. 41 (ἀστραπὴ πυρός) s. 12 15 5 f. ἀγάμως τὰ βρέφη τεκοῦσαι Gebhardt ἄγαμοι συλλαβοῦσαι Dieterich vgl. Sibyllin. II 281 f. Apoc. Pauli (ed. Tisch.) v. 39 f. ἀσελγῶς συλλαβοῦσαι Piccolomini vgl. Röm. 13 13 ἀβουλήτως συλλαβοῦσαι Lods 8 σκοτινω C 13 πεπυρωμενων C 17 αυτον C 18 οὗτοι] ουδη C 22 ουτο C 25 ποιου C 26 βορβορω αναζεοντες C 27 ουτο C | δανιζοντες C | 29 ⟨καὶ⟩ ἄλλοι James 30 καγω C.

XVIII 33 Καὶ παρὰ τῷ κρημνῷ ἐκείνῳ τόπος ἦν πυρὸς πλείστου γέμων· κἀκεῖ ἱστήκεισαν ἄνδρες οἵτινες ταῖς ἰδίαις χερσὶ ξόανα ἑαυτοῖς ἐποίησαν ἀντὶ θεοῦ.

XIX Καὶ παρ' ἐκείνοις ἄνδρες ἕτεροι καὶ γυναῖκες ῥάβδους πυρὸς ἔχοντες καὶ ἀλλήλους τύπτοντες καὶ μηδέποτε παυόμενοι τῆς τοιαύτης κολάσεως ⟨οὗτοι δὲ ἦσαν οἱ . . .⟩.

XX 34 Καὶ ἕτεροι πάλιν ἐγγὺς ἐκείνων γυναῖκες καὶ ἄνδρες φλεγόμενοι καὶ στρεφόμενοι καὶ τηγανιζόμενοι· οὗτοι δὲ ἦσαν οἱ ἀφέντες τὴν ὁδὸν τοῦ θεοῦ | . . . .

Andere bruchstücke

1 CLEMENS ALEX. Ecl. proph. 41; vgl. oben s. 1, 2f. Ἡ γραφή φησι τὰ βρέφη τὰ ἐκτεθέντα τημελούχῳ παραδίδοσθαι ἀγγέλῳ, ὑφ' οὗ παιδεύεσθαί τε καὶ αὔξειν, καὶ ἔσονται, φησίν, ὡς οἱ ἑκατὸν ἐτῶν ἐνταῦθα πιστοί. διὸ καὶ Πέτρος ἐν τῇ ἀποκαλύψει φησί·

καὶ ἀστραπὴ πυρὸς πηδῶσα ἀπὸ τῶν βρεφῶν ἐκείνων καὶ πλήσσουσα τοὺς ὀφθαλμοὺς τῶν γυναικῶν.

2 CLEMENS ALEX. Ecl. proph. 48f. Αὐτίκα ὁ Πέτρος ἐν τῇ ἀποκαλύψει φησὶν

τὰ βρέφη ⟨τὰ⟩ ἐξαμβλωθέντα τῆς ἀμείνονος ἐσόμενα μοίρας ταῦτα ἀγγέλῳ τημελούχῳ παραδίδοσθαι, ἵνα γνώσεως μεταλαβόντα τῆς ἀμείνονος τύχῃ μονῆς, παθόντα ἃ ἂν ἔπαθεν καὶ ἐν σώματι γενόμενα. τὰ δ' ἕτερα μόνης τῆς σωτηρίας τεύξεται, ὡς ἠδικημένα ἐλεηθέντα καὶ μενεῖ ἄνευ κολάσεως, τοῦτο γέρας λαβόντα. 49 τὸ δὲ γάλα τῶν γυναικῶν ῥέον ἀπὸ τῶν μαστῶν καὶ πηγνύμενον

φησὶν ὁ Πέτρος ἐν τῇ ἀποκαλύψει

γεννήσει θηρία λεπτὰ σαρκοφάγα καὶ ἀνατρέχοντα εἰς αὐτὰς κατεσθίει

διὰ τὰς ἁμαρτίας γίνεσθαι τὰς κολάσεις διδάσκων.

3 METHODIUS Sympos. II 6. Ὅθεν δὴ καὶ τημελούχοις ἀγγέλοις κἂν ἐκ μοιχείας ὦσιν τὰ ἀποτικτόμενα παραδίδοσθαι παρειλήφαμεν ἐν θεοπνεύστοις γράμμασιν· εἰ γὰρ παρὰ τὴν γνώμην ἐγίνοντο καὶ τὸν θεσμὸν τῆς μακαρίας ἐκείνης φύσεως τοῦ θεοῦ, πῶς ἀγγέλοις ταῦτα παρεδίδοτο τραφησόμενα μετὰ πολλῆς ἀναπαύσεως καὶ ῥᾳστώνης; πῶς δὲ καὶ κατηγορήσοντα σφῶν αὐτῶν τοὺς γονεῖς εὐπαρρησιάστως εἰς τὸ δικαστήριον ἐκίκλησκον τοῦ Χριστοῦ, „σὺ οὐκ ἐφθόνησας ἡμῖν, ὦ κύριε, τὸ κοινὸν" λέγοντα „τοῦτο φῶς, οὗτοι δὲ ἡμᾶς εἰς θάνατον ἐξέθεντο καταφρονήσαντες τῆς σῆς ἐντολῆς";

---

2 ταῖς] τας C 6 οὗτοι δὲ ἦσαν οἱ . . . Dieterich 9 οἱ ἀφέντες Gebhardt ηαφθαντες C 13 ὡς οἱ] ὡσεὶ Preuschen 19 τὰ² Zahn | μοίρας Hoeschel vgl. Plato Phaedr. 248e L 20 ταῦτα] ταύτης Bunsen | παραδίδοται Zahn 23 μενεῖ Stählin μένει L | τοῦτο] + τὸ Bunsen.

4 Der von MACARIUS MAGNES bekämpfte heidnische schriftsteller (Porphyrius?), Macar. IV 6 = 16 16. Περιουσίας δ' ἕνεκεν λελέχθω κἀκεῖνο τὸ λελεγμένον ἐν τῇ ἀποκαλύψει τοῦ Πέτρου. εἰσάγει τὸν οὐρανὸν ἅμα τῇ γῇ κριθήσεσθαι οὕτως·

ἡ γῆ (φησί) παραστήσει πάντας τῷ θεῷ κρινουμένους ἐν ἡμέρᾳ κρίσεως καὶ αὐτὴ μέλλουσα κρίνεσθαι σὺν καὶ τῷ περιέχοντι οὐρανῷ.

5 Derselbe, MACAR. IV 7. Καὶ ἐκεῖνο δ' αὖθις λέγει, ὃ καὶ ἀσεβείας μεστὸν ὑπάρχει, τὸ ῥῆμα φάσκον·

καὶ τακήσεται πᾶσα δύναμις οὐρανοῦ καὶ ἑλιχθήσεται ὁ οὐρανὸς ὡς βιβλίον, καὶ πάντα τὰ ἄστρα πεσεῖται ὡς φύλλα ἐξ ἀμπέλου καὶ ὡς πίπτει φύλλα ἀπὸ συκῆς.

RESTE DES KERYGMA PETRI

1 CLEMENS ALEX. Strom. I 29, 182. Ἐν δὲ τῷ Πέτρου κηρύγματι εὕροις ἂν

νόμον καὶ λόγον

τὸν κύριον προσαγορευόμενον

2 CLEMENS ALEX. Strom. VI 5, 39—41. Ὅτι δε οὐ κατ' ἐπίγνωσιν ἴσασι τὸν θεὸν ἀλλὰ κατὰ περίφ⟨ρ⟩ασιν Ἑλλήνων οἱ δοκιμώτατοι, Πέτρος ἐν τῷ κηρύγματι λέγει·

γινώσκετε οὖν ὅτι εἷς θεός ἐστιν, ὃς ἀρχὴν πάντων ἐποίησεν, καὶ τέλους ἐξουσίαν ἔχων

καὶ

ὁ ἀόρατος ὃς τὰ πάντα ὁρᾷ, ἀχώρητος ὃς τὰ πάντα χωρεῖ, ἀνεπιδεὴς οὗ τὰ πάντα ἐπιδέεται καὶ δι' ὅν ἐστιν· ἀκατάληπτος, ἀέναος, ἄφθαρτος, ἀποίητος ὃς τὰ πάντα ἐποίησεν λόγῳ δυνάμεως αὐτοῦ

τῆς γνωστικῆς ἀρχῆς, τουτέστι τοῦ υἱοῦ. εἶτα ἐπιφέρει·

---

16 Vgl. Clem. Alex. Strom. II 15, 68: ὁ Πέτρος ἐν τῷ κηρύγματι νόμον καὶ λόγον τὸν κύριον προσεῖπεν und Ecl. proph. 58: Νόμος καὶ λόγος αὐτὸς ὁ σωτὴρ λέγεται, ὡς Πέτρος ἐν κηρύγματι.

21 Vgl. Clem. Alex. Strom. VI 7, 58: Εἷς γὰρ τῷ ὄντι ἐστὶν ὁ θεός, ὃς ἀρχὴν τῶν ἁπάντων ἐποίησεν, μηνύων τὸν πρωτόγονον υἱὸν ὁ Πέτρος γράφει, συνεὶς ἀκριβῶς τὸ „ἐν ἀρχῇ ἐποίησεν ὁ θεὸς τὸν οὐρανὸν καὶ τὴν γῆν".

3 εἰσάγων Wendland 5 κρινουμένους Dieterich κρινομένους IV 16 (om. IV 6) 6 μέλλουσα καὶ αὐτὴ IV 16 19 περίφρασιν Lowth περίστασιν Wendland 24 ὁ streicht Stählin 28 ἀρχῆς Klostermann vgl. Tatian or. 5 τὴν δὲ ἀρχὴν λόγου δύναμιν παρειλήφαμεν Clem. Alex. Strom. VI 7, 58 (s. oben Stellenapparat) Orig. Hom. I 1 in Gen. u. ö. γραφῆς L (Hebräerbrief? vgl. Hebr. 1 3) [τῆς γνωστικῆς γραφῆς] Stählin τουτέστι τοῦ υἱοῦ] aus d. Kerygma?

τοῦτον τὸν θεὸν σέβεσθε μὴ κατὰ τοὺς Ἕλληνας

ὡς δηλονότι τὸν αὐτὸν ἡμῖν σεβόντων θεὸν καὶ τῶν παρ' Ἕλλησι δοκίμων, ἀλλ' οὐ κατ' ἐπίγνωσιν παντελῆ, τὴν δι' υἱοῦ παράδοσιν ⟨μὴ⟩ μεμαθηκότων. μὴ τοίνυν, φησί,

σέβεσθε·

οὐκ εἶπεν· θεὸν ὃν οἱ Ἕλληνες, ἀλλὰ

μὴ κατὰ τοὺς Ἕλληνας

τὸν τρόπον τὸν τῆς σεβάσεως ἐναλλάττων τοῦ θεοῦ, οὐχὶ δὲ ἄλλον καταγγέλλων. 40 τί οὖν ἐστι τὸ „μὴ κατὰ τοὺς Ἕλληνας", αὐτὸς διασαφήσει Πέτρος ἐπιφέρων·

ὅτι ἀγνοίᾳ φερόμενοι καὶ μὴ ἐπιστάμενοι τὸν θεὸν

ὡς ἡμεῖς κατὰ τὴν γνῶσιν τὴν τελείαν

ὧν ἔδωκεν αὐτοῖς ἐξουσίαν εἰς χρῆσιν μορφώσαντες, ξύλα καὶ λίθους, χαλκὸν καὶ σίδηρον, χρυσὸν καὶ ἄργυρον, τῆς ὕλης αὐτῶν καὶ χρήσεως ⟨ἐπιλαθόμενοι⟩, τὰ δοῦλα τῆς ὑπάρξεως ἀναστήσαντες σέβονται καὶ ἃ ἔδωκεν αὐτοῖς εἰς βρῶσιν ὁ θεός, ⟨τὰ⟩ πετεινὰ τοῦ ἀέρος καὶ τῆς θαλάσσης τὰ νηκτὰ καὶ τῆς γῆς τὰ ἑρπετὰ [καὶ τὰ] θηρία σὺν κτήνεσι τετραπόδοις τοῦ ἀγροῦ, γαλᾶς τε καὶ μῦς, αἰλούρους τε καὶ κύνας καὶ πιθήκους· καὶ τὰ ἴδια βρώματα βρωτοῖς θύματα θύουσιν καὶ νεκρὰ νεκροῖς προσφέροντες ὡς θεοῖς ἀχαριστοῦσι τῷ θεῷ διὰ τούτων ἀρνούμενοι αὐτὸν εἶναι.

41 καὶ ὅτι γε ὡς τὸν αὐτὸν θεὸν ἡμῶν τε αὐτῶν καὶ Ἑλλήνων ἐγνωκότων † φέρεται πλὴν οὐχ ὁμοίως, ἐποίσει πάλιν ὧδέ πως·

μηδὲ κατὰ Ἰουδαίους σέβεσθε· καὶ γὰρ ἐκεῖνοι μόνοι οἰόμενοι τὸν θεὸν γινώσκειν οὐκ ἐπίστανται, λατρεύοντες ἀγγέλοις καὶ ἀρχαγγέλοις, μηνὶ καὶ σελήνῃ. καὶ ἐὰν μὴ σελήνη φανῇ, σάββατον οὐκ ἄγουσι τὸ λεγόμενον πρῶτον, οὐδὲ νεομηνίαν ἄγουσιν οὔτε ἄζυμα οὔτε ἑορτὴν οὔτε μεγάλην ἡμέραν.

---

1 ff. Vgl. Orig. Comm. in Io. XIII 17: Πολὺ δέ ἐστιν νῦν παρατίθεσθαι τοῦ Ἡρακλέωνος τὰ ῥητὰ ἀπὸ τοῦ ἐπιγεγραμμένου Πέτρου κηρύγματος παραλαμβανόμενα καὶ ἵστασθαι πρὸς αὐτὰ ἐξετάζοντας καὶ περὶ τοῦ βιβλίου, πότερόν ποτε γνήσιόν ἐστιν ἢ νόθον ἢ μικτόν· διόπερ ἑκόντες ὑπερτιθέμεθα, ταῦτα μόνον ἐπισημειούμενοι φέρειν αὐτόν, ὡς Πέτρου διδάξαντος, μὴ δεῖν καθ' Ἕλληνας προσκυνεῖν, τὰ τῆς ὕλης πράγματα ἀποδεχομένους καὶ λατρεύοντας ξύλοις καὶ λίθοις· μηδὲ (μήτε cod.) κατὰ Ἰουδαίους σέβειν τὸ θεῖον, ἐπείπερ καὶ αὐτοὶ μόνοι οἰόμενοι ἐπίστασθαι θεὸν ἀγνοοῦσιν αὐτὸν λατρεύοντες ἀγγέλοις καὶ μηνὶ καὶ σελήνῃ.

3 μὴ L^{8} 8 σεβήσεως L 12 ὡς-τελείαν aus dem Kerygma? 13 ὧν Potter ἣν L 15 ἐπιλαθόμενοι Stählin 17 τὰ Koetschau Wilamowitz 18 καὶ τὰ streicht Stählin 19 ἐλούρους L 20 βρωτοῖς Potter vgl. Aristid. Apol. 12 βροτοῖς L 21 θύοντες Wilamowitz 29 ⟨σκηνῶν⟩ ἑορτὴν Diels ἑορτὴν ⟨τῆς πεντεκοστῆς⟩ Preuschen.

εἶτα τὸν κολοφῶνα τοῦ ζητουμένου προσεπιφέρει·

ὥστε καὶ ὑμεῖς ὁσίως καὶ δικαίως μανθάνοντες ἃ παραδίδομεν ὑμῖν, φυλάσσεσθε καινῶς τὸν θεόν, διὰ τοῦ Χριστοῦ σεβόμενοι· εὕρομεν γὰρ ἐν ταῖς γραφαῖς καθὼς ὁ κύριος λέγει· „ἰδοὺ διατίθεμαι ὑμῖν καινὴν διαθήκην, οὐχ ὡς διεθέμην τοῖς πατράσιν ὑμῶν ἐν ὄρει Χωρήβ". νέαν ἡμῖν διέθετο· τὰ γὰρ Ἑλλήνων καὶ Ἰουδαίων παλαιά, ἡμεῖς δὲ οἱ καινῶς αὐτὸν τρίτῳ γένει σεβόμενοι Χριστιανοί.

3 CLEMENS ALEX. Strom. VI 5, 43; 6, 48. Διὰ τοῦτό φησιν ὁ Πέτρος εἰρηκέναι τὸν κύριον τοῖς ἀποστόλοις·

ἐὰν μὲν οὖν τις θελήσῃ τοῦ Ἰσραὴλ μετανοῆσαι διὰ τοῦ ὀνόματός μου πιστεύειν ἐπὶ τὸν θεόν, ἀφεθήσονται αὐτῷ αἱ ἁμαρτίαι. μετὰ ⟨δὲ⟩ δώδεκα ἔτη ἐξέλθετε εἰς τὸν κόσμον, μή τις εἴπῃ· „οὐκ ἠκούσαμεν". . . . .

48 αὐτίκα ἐν τῷ Πέτρου κηρύγματι ὁ κύριός φησι πρὸς τοὺς μαθητὰς μετὰ τὴν ἀνάστασιν·

ἐξελεξάμην ὑμᾶς δώδεκα μαθητὰς κρίνας ἀξίους ἐμοῦ [οὓς ὁ κύριος ἠθέλησεν], καὶ ἀποστόλους πιστοὺς ἡγησάμενος εἶναι πέμπω ἐπὶ τὸν κόσμον εὐαγγελίσασθαι τοὺς κατὰ τὴν οἰκουμένην ἀνθρώπους γινώσκειν ὅτι εἷς θεός ἐστιν, διὰ [τῆς τοῦ Χριστοῦ] πίστεως ἐμῆς δηλοῦντας τὰ μέλλοντα, ὅπως οἱ ἀκούσαντες καὶ πιστεύσαντες σωθῶσιν, οἱ δὲ μὴ πιστεύσαντες ἀκούσαντες μαρτυρήσωσιν, οὐκ ἔχοντες ἀπολογίαν εἰπεῖν· „οὐκ ἠκούσαμεν" . . . .

πάσαις δ' ἄνωθεν ταῖς ψυχαῖς εἴρηται ταῖς λογικαῖς·

ὅσα ἐν ἀγνοίᾳ τις ὑμῶν ἐποίησεν μὴ εἰδὼς σαφῶς τὸν θεόν, ἐὰν ἐπιγνοὺς μετανοήσῃ, πάντα αὐτῷ ἀφεθήσεται τὰ ἁμαρτήματα.

4 CLEMENS ALEX. Strom. VI 15, 128. Ὅθεν καὶ ὁ Πέτρος ἐν τῷ κηρύγματι περὶ τῶν ἀποστόλων λέγων φησίν·

ἡμεῖς δὲ ἀναπτύξαντες τὰς βίβλους ἃς εἴχομεν τῶν προφητῶν, ἃ μὲν διὰ παραβολῶν, ἃ δὲ δι' αἰνιγμάτων, ἃ δὲ αὐθεντικῶς καὶ αὐτολεξεὶ τὸν Χριστὸν Ἰησοῦν ὀνομαζόντων, εὕρομεν καὶ τὴν παρουσίαν αὐτοῦ καὶ τὸν θάνατον καὶ τὸν σταυρὸν καὶ τὰς λοιπὰς κολάσεις πάσας, ὅσας ἐποίησαν αὐτῷ οἱ Ἰουδαῖοι, καὶ τὴν ἔγερσιν καὶ τὴν εἰς οὐρανοὺς ἀνάληψιν πρὸ τοῦ Ἱεροσόλυμα † κτισθῆναι, καθὼς ἐγέγραπτο ταῦτα πάντα, ἃ ἔδει αὐτὸν

---

3 θν̄ L[1] χν̄ L* 6f. ὑμῖν . . . ὑμεῖς L corr. Sylburg 11 μετανοήσας Sylburg doch vgl. Apoc. 16 9 13 δὲ Dobschütz 17 f. οὓς ὁ κύριος ἠθέλησεν (vgl. Mc. 3 13) streicht Dobschütz 19 πέμπων L πέμπω Klostermann vgl. Mt. 28 19 Mc. 16 15 20f. τῆς τοῦ Χριστοῦ streicht Wilamowitz 21 ἐμῆς] ἐμφανῶς Potter ἑξῆς Hilgenfeld 23 μαρτυρηθῶσιν Hilgenfeld τιμωρηθῶσιν Wendland 32 αὐτολεξὶ L 36 κριθῆναι Dobschütz καθαιρεθῆναι Hervet.

παθεῖν καὶ † μετ᾽ αὐτὸν ἃ ἔσται. ταῦτα οὖν ἐπιγνόντες ἐπιστεύσαμεν τῷ θεῷ διὰ τῶν γεγραμμένων εἰς αὐτόν.

καὶ μετ᾽ ὀλίγα ἐπιφέρει πάλιν θείᾳ προνοίᾳ τὰς προφητείας γεγενῆσθαι παριστὰς ὧδε·

ἔγνωμεν γὰρ ὅτι ὁ θεὸς αὐτὰ προσέταξεν ὄντως καὶ οὐδὲν ἄτερ γραφῆς λέγομεν.

---

1 μετ᾽ αὐτὸν ἃ (ἃ streicht Schwartz) ἔσται: vgl. I Petr. 1 11 τὰ εἰς Χριστὸν παθήματα καὶ τὰς μετὰ ταῦτα δόξας!? 5 οὕτως Sylburg.

Die Fortsetzung dieser Literaturübersicht finden Sie auf der nächsten Seite.

151 CELSI ALETHEIS LOGOS. Excussit et restituere conatus est Dr. O. Glöckner. XIV, 72 S. 1924. 3.—

17/18 SYMBOLE DER ALTEN KIRCHE. Ausgew. von H. Lietzmann. 2. Aufl. 40 S. Nachdruck. 1931. 1.75

9 PTOLEMAEUS BRIEF AN DIE FLORA. Hrsg. von A. Harnack. 2. Aufl. 10 S. 1912. —.35

129 TEXTE ZUR GESCHICHTE DES MONTANISMUS. Hrsg. von D. N. Bonwetsch. 32 S. 1914. 1.—

122 URKUNDEN ZUR ENTSTEHUNGSGESCHICHTE DES DONATISMUS. Hrsg. von Hans v. Soden. 56 S. 1913. 1.75

47/49 LATEINISCHE ALTKIRCHLICHE POESIE. Ausgew. von H. Lietzmann. 64 S. 1910. 2.—

26/28 LATEINISCHE ALTCHRISTLICHE INSCHRIFTEN mit einem Anhang jüd. Inschriften. Ausgew. u. erkl. von E. Diehl. 2. Aufl. 86 S. 1913. 2.75

108 KONSTANTINS KREUZESVISION. In ausgew. Texten vorgelegt von J. B. Aufhauser. 26 S. 1912. —.90

Apokryphen und Verwandtes.

3 APOCRYPHA. I: Reste d. Petrusevangeliums, d. Petrusapokalypse u. d. Kerygma Petri. Hrsg. von E. Klostermann. Unveränderter Neudruck. 1933. —.70

8 APOCRYPHA. II: Evangelien. Hrsgb. von E. Klostermann. 3. Aufl. 26 S. 1929. 1.30

11 APOCRYPHA. III: Agrapha, slavische Josephusstücke, Oxyrhynchus-fragment 1911. Hrsg. von E. Klostermann. 2. Aufl. 26 S. 1911. —.50

12 APOCRYPHA. IV: Die apokryphen Briefe des Paulus an die Laodicener und Korinther. Hrsgb. von A. Harnack. 2. Aufl. 23 S. Nachdruck. 1931. 1.25

10 DIE HIMMELFAHRT DES MOSE. Hrsgb. von C. Clemen. 16 S. 1904. —.50

64 DIE ODEN SALOMOS, aus dem Syrischen übersetzt mit Anmerkungen von A. Ungnad und W. Staerck. 40 S. 1910. Vergriffen.

152 EPISTULA APOSTOLORUM. Nach dem äthiopischen und koptischen Texte. Hrsg. von Hugo Duensing. 42 S. 1925. 2.—

31 ZWEI NEUE EVANGELIENFRAGMENTE. Hrsg. u. erkl. von H. B. Swete. 15 S. 1908. —.50

FSC
www.fsc.org
MIX
Papier | Fördert gute Waldnutzung
FSC® C083411

Kolibri 360 GmbH
Ferdinand-Jühlke-Straße 7
99095 Erfurt, Deutschland
produktsicherheit@kolibri360.de